Die in den Sitzungsberichten Abtlg. I und Abtlg. IIa der math.-nat. Klasse der Österr. Ak. d. Wiss. erscheinenden Abhandlungen werden auch einzeln abgegeben. Sie können durch jede Buchhandlung oder direkt durch die Auslieferungsstelle der Österreichischen Akademie der Wissenschaften (Wien I, Singerstraße 12) bezogen werden.

Nachfolgende Abhandlungen aus dem Fach der Zoologie sind erschienen:

1957 (S I Bd. 166):

Kühnelt W.: Weiß als Strukturfarbe bei Wüstentenebrioniden (mit einem Beitrag von C. Koch, Pretoria) (mit 1 Tafel). S 8.60

Starmühlner F.: Ergebnisse der Österreichischen Island-Expedition 1955. Zur Individuendichte und Formänderung von Lymnaea peregra Müller in isländischen Thermalbiotopen (mit 7 Textabbildungen und 2 Tafeln). S 46.80

Starmühlner F.: Ergebnisse der Österreichischen Iran-Expedition 1949/50. Beiträge zur Kenntnis der Molluskenfauna des Iran, und Edlauer A.: Konchyliologische Bestimmungen und Beschreibungen (mit 17 Textabbildungen, 3 Tafeln und 1 Beilage).

Tollmann A.: Die Mikrofauna des Burdigal von Eggenburg (Niederösterreich) (mit 2 Textabbildungen 7 Tafeln und 2 Tabellen). S 45.90

Wettstein O.: Nachtrag zu meiner Herpetologia aegaea (mit 2 Textabbildungen und 8 Tafeln). S 56.60

1958 (SI Bd. 167):

Amsel Hans Georg: Ergebnisse der Österreichischen Iran-Expedition 1949/50. Lepidoptera II. (Microlepidoptera) (mit 1 Tafel und 7 Textabbildungen). S 12.60

Beier Max, Reimoser E. und Kritscher E.: Zoologische Studien in West-Griechenland. VII. Teil Araneae. S 5.70

Beier Max und Scheerpeltz Otto: Zoologische Studien in West-Griechenland. VIII. Staphylinidae (Col.) (mit 1 Textabbildung). S 48.30

Brehm V.: Bemerkungen zu einigen Kopepoden Südamerikas (mit 5 Textabbildungen). S 25.60

Brehm V.: Die systematischen Verhältnisse bei Notodiaptomus Anisitsi Daday und perelegans Wright (mit 4 Textabbildungen). S 10.50

Löffler Heinz: Die Klimatypen des holomiktischen Sees und ihre Bedeutung für zoogeographische Fragen (mit 1 Textabbildung und 1 Beilage). S 27.30

Mihelčič Franz: Zoologisch-systematische Ergebnisse der Studienreise von H. Janetschek und W. Steiner in die spanische Sierra Nevada 1954, IX. Milben (Acarina) (mit 10 Textabbildungen). S 21.60

Nemenz Harald: Beitrag zur Kenntnis der Spinnenfauna des Seewinkels (Burgenland, Österreich) (mit 3 Textabbildungen). S 27.30

Reisser Hans: Ergebnisse der Österreichischen Iran-Expedition 1949/50. Lepidoptera I. (Macrolepidoptera) (mit 44 Abbildungen auf 9 Tafeln und 1 Karte). S 57.70

Scheminzky F. und Stipperger H.: Über die Fluoreszenz der Eihäute beim Weberknecht Gyas annulatus (mit 1 Textabbildung und 1 Tafel). S 8.10

Schuster Reinhart: Beitrag zur Kenntnis der Milbenfauna (Oribatei) in pannonischen Trockenböden (mit 4 Textabbildungen). S 12.60

Viets O. Kurt: Wassermilben aus der Schwechat (Wienerwald) (mit 20 Textabbildungen). S 19.80

1959 (S I Bd. 168):

Baumgartner-Gamauf Margaretha: Einige ufer- und wasserbewohnende Collembolen des Seewinkels S 5.80

Beier Max und Wagner W.: Zoologische Studien in Westgriechenland. IX. Teil. Homoptera (mit 63 Textabbildungen). S 22.60

Brehm V.: Bemerkungen zu einigen Kopepoden Südamerikas (mit 25 Textabbildungen). S 25.90

Brehm V.: Contribution à l'étude de faune d'Afghanistan Nr.17 (mit 12 Textabbildungen). S 18.90

Eiselt Josef: Entomolepis adriae n. sp., ein Beitrag zur Kenntnis der kaum bekannten Gattungen siphonostomer Cyclopoiden: Entomolepis, Lepeopsyllus und Parmulodes (Copepoda, Crust.) (mit 4 Textabbildungen). S 19.10

Löffler Heinz: Zur Limnologie. Entomostraken- und Rotatorienfauna des Seewinkelgebietes (Burgenland Österreich) (mit 5 Textabbildungen und 4 Tafeln). S 60.20

Remaudière Georges: Zoologisch-systematische Ergebnisse der Studienreise von H. Janetschek und W. Steiner in die spanische Sierra Nevada 1954. XI. Homoptera, Aphidoidea (mit 12 Textabbildungen). S 9.70

Schubart Otto: Zoologisch-systematische Ergebnisse der Studienreise von H. Janetschek und W. Steiner in die spanische Sierra 1954. XII. Diplopoda (mit 9 Textabbildungen). S 16.50

Schuster Reinhart: Ökologisch-faunistische Untersuchungen an den bodenbewohnenden Kleinarthropoden (speziell Oribatiden) des Salzlachengebietes im Seewinkel (mit 6 Textabbildungen). S 45.40

Steiner Walter: Zoologisch-systematische Ergebnisse der Studienreise von H. Janetschek und W. Steiner in die spanische Sierra Nevada 1954. X. Springschwänze (Collembola) (mit 5 Textabbildungen) S 12.90

Wettstein-Westersheimb Otto: Die alpinen Erdmäuse. S 10.–

ISBN 978-3-662-23715-1 ISBN 978-3-662-25806-4 (eBook)
DOI 10.1007/978-3-662-25806-4

Aus dem II. Zoologischen Institut der Universität Wien und dem Department of Experimental Biology, University of Utah, Salt Lake City, Utah

Experimente zur Ionenregulation der Larve von Ephydra cinerea Jones (Dipt.)

Von HARALD NEMENZ, Wien

Mit 7 Textabbildungen

(Vorgelegt in der Sitzung am 17. März 1960)

I. Einleitung.

Die viele extreme Biotope besiedelnde Familie der Ephydridae entsendet auch einen Vertreter in den Großen Salzsee in Utah, wo *Ephydra cinerea* und *Artemia salina* die einzigen Metazoen sind, die diesen See bewohnen. Der Salzgehalt von über 27% stellt an die Ionen- und Osmoregulationsfähigkeit der Bewohner hohe Ansprüche, doch sind diese nur für *Artemia salina* näher bekannt (CROGHAN 1958a—e). Von Ephydren weiß man einiges über Bewohner wenig extremer Gewässer (BEYER 1939, PING 1921, ZANGHERI 1957 und ZAVATTARI 1921), wobei zwar von den Autoren auf die Osmoregulation, aber nicht auf den Ionenhaushalt eingegangen wird. Über die Biologie von *Ephydra cinerea* und deren osmotischer Regulation wurde an anderer Stelle berichtet (NEMENZ 1960a, 1960b).

Die Physiologie des Ionen- und Wasserhaushaltes ist für viele Wassertiere schon untersucht, doch fehlen fast völlig Untersuchungen an Bewohnern stark hyperhaliner Gewässer. Trotz starker Schwankungen des Salzgehaltes bleibt für diese Gewässertype eine Bedingung konstant: sie sind stets stark hypertonisch gegenüber der Gewebeflüssigkeit ihrer Bewohner. Salzgehaltschwankungen von einigen Prozent, wie sie etwa am Großen Salzsee im Jahresablauf auftreten bedingen also nicht, daß die Bewohner von hyper- in hypotonische Lösungen gelangen, wie dies etwa im Brackwasser der Fall ist. Sogar Schwankungen von 15%, wie sie in langjährigen Zyklen des Großen Salzsees auftreten, erfordern keine wesentliche Umstellung des Salz- und Wasserhaushaltes, sondern nur eine Intensivierung oder Abschwächung einmal vorhandener physiologischer oder morphologischer Mechanismen. Die Zusammensetzung des Gewässers, also der Anteil verschiedener Salze bzw. deren Ionen in der Salzlösung können dagegen selbst bei gleicher Gesamtkonzentration völlig verschiedene Anforderungen an einen Organismus stellen. Die regulatorischen Anforderungen in einem Chlorid-Gewässer sind andere als in einem Karbonat- oder Sulfat-Gewässer. Der Einfluß zweiwertiger Kationen, besonders Mg^{++} auf die Regulationsfähigkeit wird im Verlauf dieser Arbeit diskutiert werden. Bedauerlicherweise ist über die Wirkung von Anionen noch weniger bekannt als über die der Kationen.

Bei den Versuchen über die Osmoregulationsfähigkeit zeigte sich, daß die Kutikula von *Ephydra cinerea* offenbar sehr undurchlässig ist. Es war nun interessant ihre Durchlässigkeit für verschiedene Ionen bzw. Wasser näher zu prüfen. In den hier vorliegenden Versuchen wurde die Permeabilität für Natrium und Rubidium untersucht, wobei Rubidium für das zu kurzlebige radioaktive Kalium-Isotop K^{42} substituiert wurde. Trotz vieler Ähnlichkeiten im physiologen Verhalten dieser beiden Elemente dürfen aber die Ergebnisse mit Rubidium nicht kritiklos auf Kalium übertragen werden. Ferner wurde die Permeabilität für Wasser mittels schweren Wassers (D_2O) geprüft.

Der Große Salzsee ist als Chlorid-Gewässer zu betrachten (55% Cl′), doch enthält er auch beachtliche Mengen Sulfat (6,7% SO_4''). Das wichtigste Kation ist Natrium (34,6% Na^+). Kalium (2,6% K^+) und Magnesium (0,6% Mg^{++}) treten stark in den Hintergrund (FLOWERS 1934). Für Magnesium gehen die Werte der Autoren stark auseinander, so gibt HUTCHINSON (1957) bei geringerer Gesamtsalinität einen wesentlich höheren Mg^{++}-Wert an. Es dürfte dabei sehr auf die jeweiligen Verhältnisse ankommen, so scheint aus dem Bericht des US-Department of the Interior, Geological Survey, Water Resources Division hervorzugehen, daß der Mg^{++}-Gehalt der Gesamtsalinität verkehrt proportional ist (cf. FLOWERS 1934, NEMENZ 1960b).

Danksagung.

Die Arbeit wurde ausgeführt im Department of Experimental Biology, University of Utah, Salt Lake City, Utah, dessen Vorstand Prof. Dr. John D. Spikes ich auch an dieser Stelle für seine Hilfe und Ratschläge bei der Arbeit mit radioaktiven Isotopen danken möchte. Herrn Prof. Dr. George R. Hill, Department of Fuel Technology, University of Utah, danke ich für die Erlaubnis, den

Massenspektrographen benutzen zu dürfen, wobei mir Dr. Bert Johnson hilfreich zur Seite stand. Nicht zuletzt danke ich der Österreichischen Akademie der Wissenschaften, Wien, und Herrn Prof. Dr. Wilhelm Kühnelt für die Unterstützung bei der Erlangung des Stipendiums, dem letzteren außerdem für seine Einwilligung, mir den Studienurlaub zu gewähren. Das Stipendium war von der International Cooperation Administration in Zusammenarbeit mit der National Academy of Sciences, Washington, ausgeschrieben[1].

II. Material und Methode.

Die verwendeten Larven wurden am SO-Ufer des Großen Salzsees bei Saltair gesammelt und bis zur Verwendung in Seewasser gehalten. Die Experimente wurden möglichst bald nach dem Fang angesetzt. Es wurden fast ausschließlich Larven des 3. Stadiums verwendet, jüngere (2. Stadium) fanden nur ausnahmsweise Verwendung, Unterschiede zwischen diesen wurden nicht beobachtet. Die Tiere wurden bei Zimmertemperatur in die Versuchslösungen (je etwa 40 ccm) eingebracht, wo sie 48 Stunden blieben, wurden hernach in destilliertem Wasser kurz gespült, mit Filtrierpapier abgetrocknet, in Stahlplanchetten gewogen, bei 110°C getrocknet und, nach nochmaliger Wägung, mit einem Endfenster-G.-M.-Zählrohr bei 20 mm Abstand mit einem Nuclear-Chicago Mod. 186 Decade Scaler gezählt. Es wurden folgende Lösungen verwendet:

Seewasser (aus dem Großen Salzsee)
Natriumchloridlösung 20 %ig
Natriumchloridlösung 20 %ig + Magnesiumchlorid 1 %
Natriumchloridlösung 20 %ig + Calciumchlorid 1 %
Natriumchloridlösung 20 %ig + Calciumchlorid 5 % + + Magnesiumchlorid 0,5 %
Destilliertes Wasser,

jede dieser Lösungen mit dem gleichen Volumen der radioaktiven Lösung versetzt. Als Tracer wurden verwendet: Rb^{86} als RbCl und Na^{22} als NaCl, beide in der Konzentration von etwa 2 mc/l zu Beginn der Experimente. Diese Konzentration ist analytisch so gering, daß sie als destilliertes Wasser angesehen werden kann. Die Ergebnisse der sich über einen längeren Zeitraum erstreckenden Experimente mit Rb^{86} wurden auf einen Bezugstermin umgerechnet, die Versuche mit Na^{22} lagen so nahe beisammen, daß eine Halb-

[1] Vorgeschriebene Formel: Appointment supported by the International Cooperation Administration under a program administered by the National Academy of Sciences.

wertszeitkorrektur bei diesem relativ langlebigen Isotop vernachlässigt werden konnte. Die Strahlung beider Isotope ist stark genug, um ohne weitere Aufbereitung vergleichbare Werte zu liefern.

Die bei jedem Tier gezählten Impulse wurden auf Impulse pro Gramm Trockengewicht umgerechnet, aus diesen der Mittelwert und der Ausdruck $\pm \frac{\sigma}{\sqrt{N}}$ berechnet, welche als Prozentteile der Außenlösung in den Kurven und Tabellen erscheinen.

Bei den Versuchen mit schwerem Wasser wurden folgende Lösungen verwendet:

Destilliertes Wasser

Natriumchloridlösung 20%

Natriumchloridlösung 20% + Calciumchlorid 1%, wobei statt destillierten Wassers D_2O Verwendung fand. Die Larven blieben 48 bzw. 96 Stunden in den Lösungen, wurden mit Filtrierpapier abgetrocknet und in trockene Glasröhrchen überführt, die an einem Ende zugeschmolzen und am anderen Ende in eine feine Kapilare ausgezogen wurden. Durch vorsichtiges Erhitzen des geschlossenen Endes mit der Larve und Kühlen des anderen Endes auf —74°C

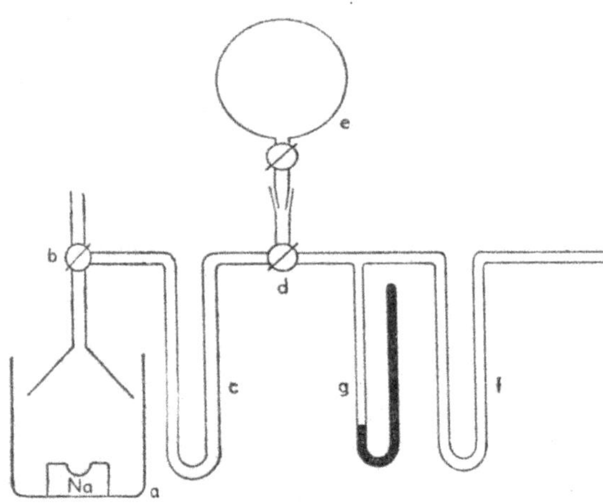

Abb. 1. Wasserstoffentwicklungsapparatur. Erklärung im Text.

konnte der Wasserdampf aus der Larve ausgetrieben und am anderen Ende kondensiert und gefroren werden. Nach Verschmelzen des kapilaren Endes konnte die Probe längere Zeit aufbewahrt werden. Zur Wasserstoffentwicklung wurde das Gerät Abb. 1 konstruiert, das wie folgt arbeitet: In der Schale a befindet sich ein Stück metallisches Natrium mit einer Vertiefung, in die das zu untersuchende Wasser tropfenweise eingefüllt werden kann. Die Schale, der Trichter und das anschließende Rohr bis zum Dreiwegehahn b sind mit Mineralöl gefüllt. Das bei der Reaktion des Wassers mit dem Natrium entstehende Wasserstoffgas steigt im Öl auf und füllt das Rohr und den Trichter. Der übrige Teil wird gleichzeitig mittels einer Wasserstrahlpumpe auf etwa 10 mm/Hg evakuiert. Sobald die Reaktion zum Stillstand kommt und das nötige Vakuum erzeugt ist, wird der Dreiwegehahn d so gestellt, daß er das Probengefäß e mit b verbindet; b wird vorsichtig geöffnet, so daß das gebildete Gas über die Kältefalle c nach e strömt. Danach wird der Hahn von e geschlossen. Durch Verstellen von b kann in c der Luftdruck ausgeglichen und e abgenommen werden. Die Kältefallen c und f verhindern, daß zuviel Wasserdampf in das Probengefäß gelangt. Die Gasmischung in e wurde in einem Massenspektrographen Mod. 21.690 untersucht und das Mengenverhältnis der Massen M3/M2 berechnet. Absolute Werte sind bei diesem Verfahren nicht zu gewinnen, doch sind die Ergebnisse untereinander vergleichbar. Es erwies sich, daß eine Larve meist zu wenig Wasser abgab, so daß 2—4 Larven gleichzeitig für den Massenspektrographen präpariert wurden. Zur Auswertung der Ergebnisse wurden jeweils 4 Larven herangezogen. Das von mir verwendete D_2O war nicht mehr 99%ig, es ergab einen Index $M3/M2 = 2{,}2$.

Für alle Versuchsreihen wurden sowohl ligierte als auch unbehandelte Larven verwendet (cf. Nemenz 1960a). Bei den ligierten Larven wurden vor der Auswertung die Enden und die Fäden entfernt.

III. Experimentelle Ergebnisse.

Die ganze Serie der Experimente wurde mit $Rubidium^{86}$ durchgeführt, wobei meist je 8 Tiere zur Verwendung kamen. Bei den Experimenten mit Na^{22} wurde infolge Zeit- und Materialmangels meist eine kleinere Anzahl verwendet. Die Versuchsdauer betrug 48 Stunden und wurde aus zwei Gründen so gewählt: Erstens hatte sich bei Vorversuchen herausgestellt, daß die Werte nach 48 Stunden weniger schwanken als nach 24 Stunden, während nach 78 Stunden bereits andere Faktoren (biologische Halbwertszeit?) die Deutung der Ergebnisse erschwerten. Zweitens ergab sich bei der Wahl von 48 Stunden eine gute Vergleichsmöglichkeit mit den Experimenten zur Osmoregulation (Nemenz 1960a).

1. Experimente mit Rb^{86}.

a) unbehandelte Tiere (Abb. 2, Tab. 1).

Die Kurve (Abb. 2) zeigt bereits das sehr charakteristische Verhalten, das schon auf Grund der osmoregulatorischen Fähigkeiten zu erwarten war. Im destillierten Wasser ist die Aufnahme

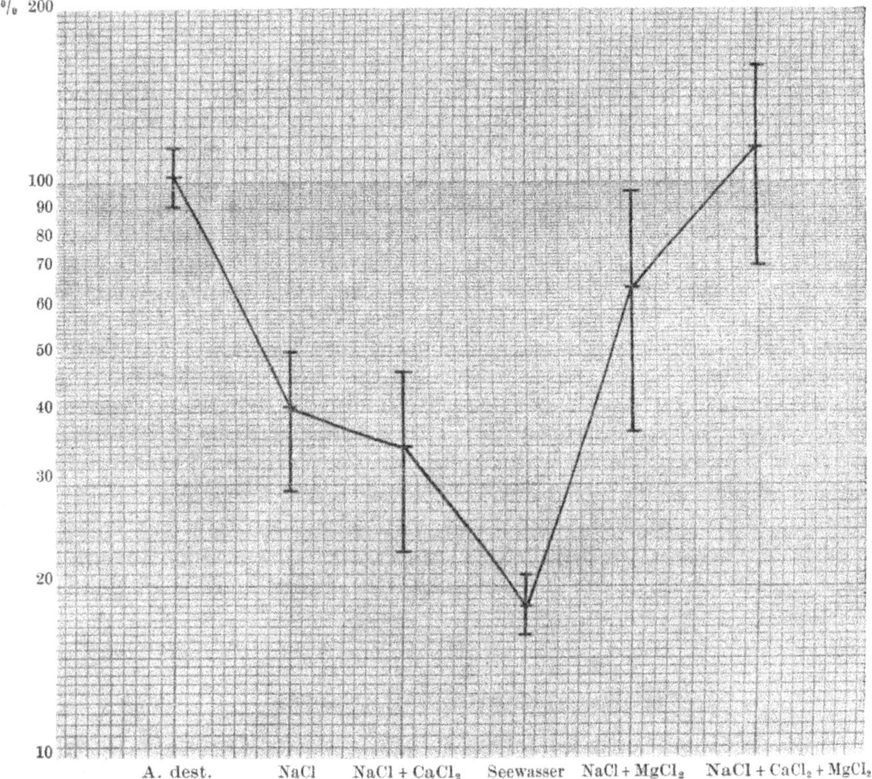

Abb. 2. Experimente mit Rb^{86}. Unbehandelte Tiere. Die vertikalen Linien mit den Grenzen begrenzen die Streuung $\left(\bar{x} \pm \frac{\sigma}{\sqrt{N}}\right)$.

von Rb^{86} am größten, im Seewasser am geringsten. Die Werte der Kurven sind in Prozent der Konzentration der aktiven Substanz in der Lösung angegeben. Es zeigt sich deutlich, daß bei destilliertem Wasser der Stoffaustausch in 48 Stunden bereits so groß war, daß trotz der undurchlässigen Kutikula so viel Rb^{86} aufgenommen war, daß der Wert der Lösung erreicht wurde. Sobald die osmotische Beanspruchung geringer wird, das heißt bei Ansteigen der Außenkonzentration, sinkt der Stoffaustausch und damit die Aktivität der Tiere sehr schnell. So beträgt sie nach der gleichen Zeit in der

Tabelle 1. Unbehandelte Tiere in Rb^{86}-haltigen Lösungen.

Lösung	Anzahl	% $\frac{\bar{x}\ \text{Tiere}}{\bar{x}\ \text{Lösung}}$	$\bar{x} \pm \frac{\sigma}{\sqrt{N}}$
Aqua destill.	8	103,8	91,8—115,8
NaCl	6	40,4	29,2— 51,6
$NaCl + CaCl_2$	8	35,1	31,1— 39,1
Seewasser	8	18,8	16,6— 21,0
$NaCl + MgCl_2$	8	67,3	37,3— 97,3
$NaCl + CaCl_2 + MgCl_2$	4	116,0	72,0—160,0

NaCl-Lösung nur 40% der Außenkonzentration. Auf Zugabe von 1% $CaCl_2$ zur Stammlösung sinkt die Aktivität noch um ein Geringes auf 35%. Sehr groß ist der nächste Schritt. Im Seewasser sinkt die Aktivität, das heißt die Menge der aufgenommenen aktiven Substanz, auf 19% ab. Die Menge der aufgenommenen Substanz nimmt also bei größerer Konzentration des Außenmediums ab. Der Effekt der geringen Konzentrationssteigerung in der $NaCl + CaCl_2$-Lösung bzw. Seewasser, gegenüber der NaCl-Lösung dürfte weniger auf die Konzentrationssteigerung als solche, als auf den Zusatz weiterer Ionen zurückzuführen sein.

b) ligierte Tiere (Abb. 3, Tab. 2).

Das Verhalten der ligierten Tiere ist im wesentlichen dem der unbehandelten Tiere ähnlich. Auch hier ist der Wert in destilliertem Wasser der höchste und im Seewasser der niedrigste. Während bei der obigen Versuchsserie die unbehandelten Tiere sowohl die Möglichkeit hatten, eingedrungene Substanzen aktiv auszuscheiden, als auch Substanzen aus dem Medium aufzunehmen (z. B. Darmkanal, Analschläuche, Malpighische Gefäße), steht den Larven dieser Serie nur die Kutikula als Austauschmembran zur Verfügung. Im destillierten Wasser sind die Werte fast ganz gleich und unterscheiden sich in der NaCl-Lösung nicht sehr (61 gegenüber 54%). In der NaCl-Lösung ist auffallend, daß die Werte der ligierten Tiere sehr stark variieren ($\bar{x} \pm \frac{\sigma}{N} = 7{,}4—99{,}8\,\%$), wofür eine Erklärung fehlt. Der erste wirklich deutliche Unterschied zwischen den ligierten und unbehandelten Tieren ist in der $NaCl + CaCl_2$-Lösung zu finden. Die Aktivität fällt von 54% auf 17%. So zeigt sich also trotz der prinzipiellen Ähnlichkeit der beiden Kurven doch im Detail mancher Unterschied, der darauf zurückgeführt werden kann, daß in der zweiten Serie eine aktive Ausscheidung ausgeschaltet worden war. Es handelt sich hier um Permeabilitäst-

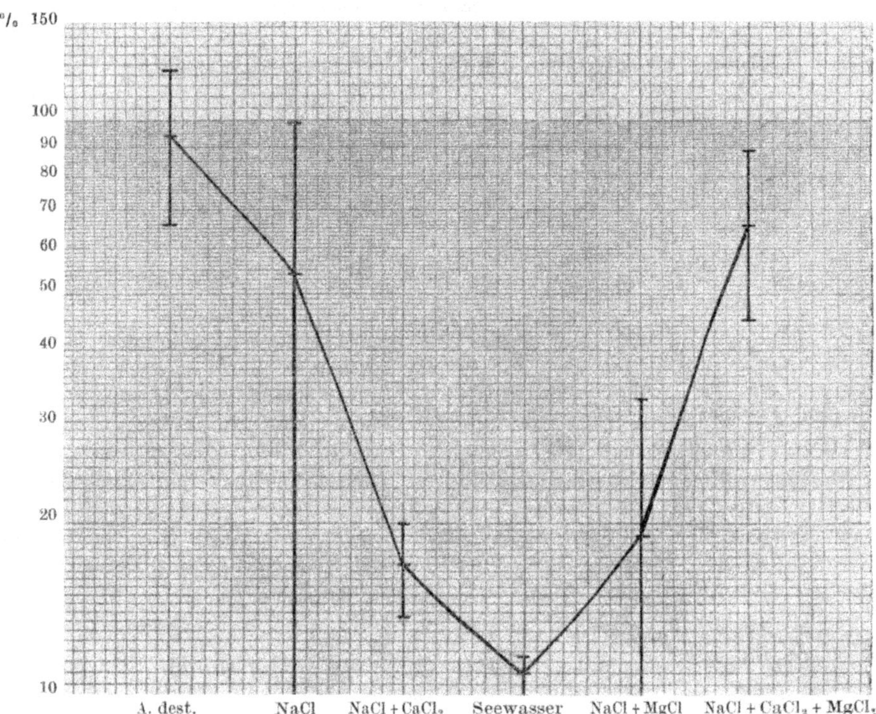

Abb. 3. Wie Abb. 2, ligierte Tiere.

Tabelle 2. Ligierte Tiere in Rb^{86}-haltigen Lösungen.

Lösung	N	$\% \frac{\bar{x}\ \text{Tiere}}{\bar{x}\ \text{Lösung}}$	$\bar{x} \pm \frac{\sigma}{\sqrt{N}}$
Aqua destill.	8	93,5	64,9—122,1
NaCl	8	53,6	7,4— 99,8
$NaCl + CaCl_2$	7	16,8	13,8— 19,8
Seewasser	5	10,9	10,0— 11,8
$NaCl + MgCl_2$	8	19,0	4,8— 33,2
$NaCl + MgCl_2 + CaCl_2$	8	66,5	44,0— 89,0

effekte, die nur einer Regulation durch die Hypodermis ausgesetzt sind. Daher ist ein deutlicher Einfluß der die Permeabilität beeinflussenden Faktoren (Antagonismus der Ionen) nicht zu übersehen. Die Verringerung des osmotischen Gefälles (Destilliertes Wasser → NaCl-Lösung) wirkt sich auf die Durchlässigkeit für Rb^{86} weniger aus als der Zusatz von Ca-Ionen, die die Gesamtkonzentration kaum erhöhen. Die Beimengung weiterer Ionen, wie sie in der Seewasserlösung vorliegt, senkt die Permeabilität auf ein Minimum.

2. Experimente mit Na^{22}.

a) unbehandelte Tiere (Abb. 4, Tab. 3).

Auch hier sinkt die Aktivität der Tiere mit zunehmender Konzentration bzw. Anzahl der Elemente im Medium. Der Minimumwert im Seewasser liegt mit 17% fast auf gleicher Höhe wie der Wert im Rb^{86} (19%). Am auffallendsten ist der Unterschied gegenüber Rb^{86} in destilliertem Wasser. Es scheint für Natrium eine viel wirksamere Regulationseinrichtung zu bestehen, da selbst in destilliertem Wasser die Aktivität nicht über 40% steigt. Dazu kommt noch, daß auch die Streuung der Werte eine viel geringere ist (Tab. 3). Die Abnahme der Werte erfolgt etwa um gleiche Intervalle, ein Einfluß der Ca-Ionen geht aus diesen Versuchen nicht deutlich hervor.

Tabelle 3. Unbehandelte Tiere in Na^{22}-haltigen Lösungen.

Lösung	N	$\% \frac{\bar{x}\ \text{Tiere}}{\bar{x}\ \text{Lösung}}$	$\bar{x} \pm \frac{\sigma}{\sqrt{N}}$
Aqua destill.	8	40,5	40,2—40,8
NaCl	4	32,4	29,6—35,2
$NaCl + CaCl_2$	4	22,6	20,6—24,7
Seewasser	4	17,3	8,6—26,0
$NaCl + MgCl_2$	4	46,3	44,7—47,9
$NaCl + CaCl_2 + MgCl_2$	8	0,8	0,0— 1,6

b) ligierte Tiere (Abb. 4, Tab. 4).

Wie bei allen bisher besprochenen Versuchsserien ist auch hier die Aktivität in destilliertem Wasser am größten. Es ist sogar der

Tabelle 4. Ligierte Tiere in Na^{22}-haltigen Lösungen.

Lösung	N	$\% \frac{\bar{x}\ \text{Tiere}}{\bar{x}\ \text{Lösung}}$	$\bar{x} \pm \frac{\sigma}{\sqrt{N}}$
Aqua destill.	4	130,0	121,9—138,1
NaCl	4	44,7	41,3— 48,1
$NaCl + CaCl_2$	4	27,8	23,8— 31,8
Seewasser	4	30,0	26,1— 33,9
$NaCl + MgCl_2$	4	64,1	61,8— 66,4
$NaCl + CaCl_2 + MgCl_2$	4	474,0	433,0—515,0

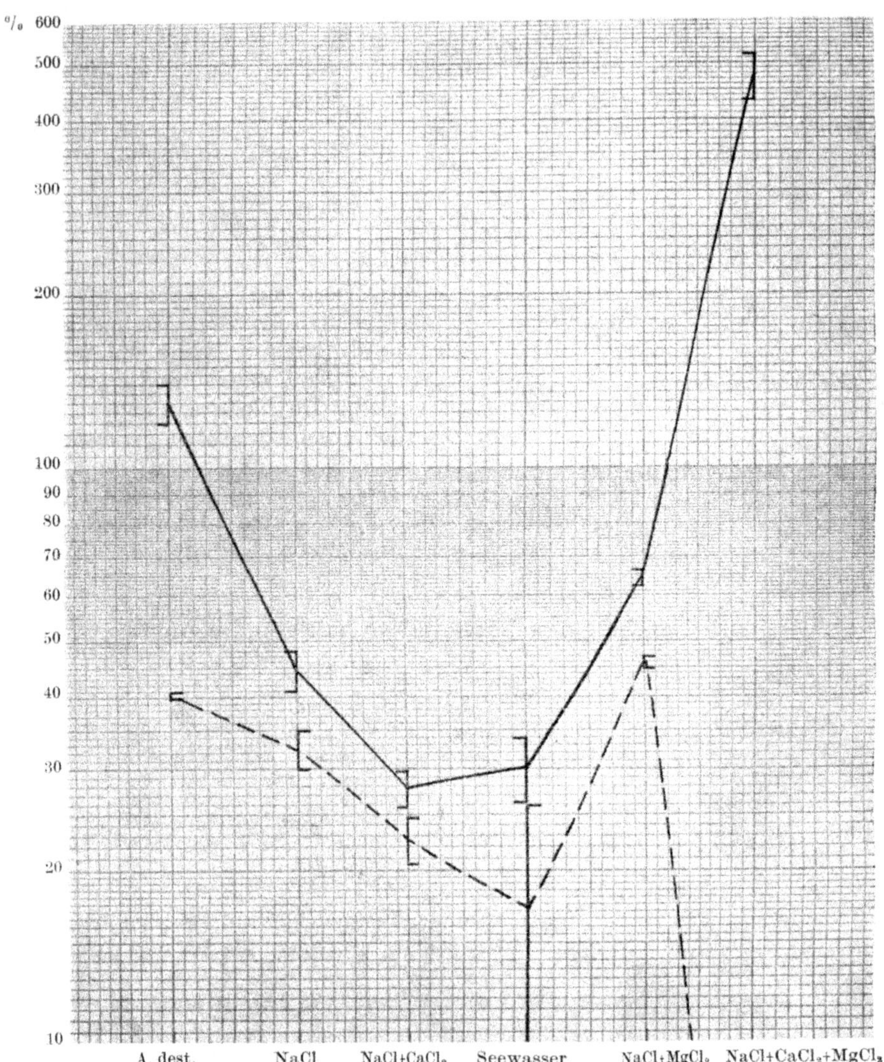

Abb. 4. Experimente mit Na^{22}. Zeichenerklärung wie Abb. 2. --- unbehandelte Tiere, —— ligierte Tiere.

absolut höchste Wert, der in diesem Medium beobachtet wurde, 130 %. Dennoch sinkt der Wert sehr schnell, auf 45 % in der NaCl-Lösung und auf 28 % bzw. 30 % in NaCl + $CaCl_2$-Lösung bzw. Seewasser. Zwar liegt der Wert im Seewasser etwas höher als der in NaCl + $CaCl_2$-Lösung, doch ist der Unterschied statistisch insignifikant. Wenn man von dem stark abweichenden Wert in destilliertem Wasser absieht, zeigt sich eine gute Konvergenz mit der Kurve für Rb^{86}, wenn auch bei absolut höheren Werten.

3. Die Einwirkung von Magnesium (Abb. 2, 3, 4, Tab. 1—4).

Im Zusammenhang mit der bekannten Tatsache, daß zweiwertige Ionen die Permeabilität herabsetzen, wurde versucht, den Einfluß von Mg^{++} allein und gemeinsam mit Ca^{++} zu untersuchen. Nach der LOEBschen Theorie wäre zu erwarten, daß bei Anwesenheit von Magnesium und Calcium die Permeabilität geringer sei als bei Einwirkung nur eines der beiden Elemente. Der Einfluß von Calcium geht bereits aus den obigen Abschnitten hervor. Auf Calciumzusatz findet sich in jedem der bisher behandelten Fälle eine mehr oder weniger ausgeprägte Verringerung der Permeabilität gegenüber der NaCl-Lösung. Um so erstaunlicher ist nun die Wirkung des Magnesiums. In allen Fällen ist die Permeabilität der Kutikula in einer Lösung von 20 % NaCl + 1 % $MgCl_2$ größer, als wenn $CaCl_2$ statt $MgCl_2$ verwendet wird. In den meisten Fällen ist die Aktivität der Larven und damit die Permeabilität sogar größer als in der reinen NaCl-Lösung. Man kann also nicht bloß annehmen, daß Magnesium eine schwächer permeabilitätsverringernde Wirkung hat als Calcium, sondern man müßte sogar annehmen, daß Magnesium die Permeabilität vergrößert. Eine Ausnahme bildet bloß die Versuchsserie der ligierten Larven mit Rb^{86}, bei welcher die Aktivität etwa gleich groß ist wie in der Ca^{++}hältigen Lösung, doch ist in diesem Fall die Streuung viel größer.

Noch extremere Werte werden erreicht, wenn Calcium und Magnesium gemeinsam einwirken. Die Werte überschreiten meist die Werte in destilliertem Wasser, oft sogar ganz beträchtlich. Doch auch hier findet sich eine Ausnahme: die unbehandelten Tiere mit Na^{22}. Ihre Aktivität beträgt etwa 1 %, das heißt, sie haben fast nichts aufgenommen! Bei den ligierten Larven dagegen wird ein Höchstwert erreicht, der allerdings zahlenmäßig mit einiger Unsicherheit behaftet ist, aber sicher wesentlich höher ist als alle anderen Werte.

4. Abgabe von Na^{22}.

In einem informativen Experiment, welches nicht weitergeführt werden konnte, wurden zwei ligierte und vier unbehandelte Larven erst 48 Stunden in destilliertem Wasser mit Na^{22} gehalten und danach für die gleiche Zeit in doppeltdestilliertes Wasser überführt. Die Aktivität der Larven und des Wassers wurde gemessen. Bei beiden Gruppen von Tieren zeigt sich gegenüber den nicht nachgewaschenen Tieren der obigen Versuchsserien eine deutliche Abnahme der Aktivität, die bei den unbehandelten Tieren auf 3,2% sinkt, also eine sehr deutliche Abnahme gegenüber den 40% nach der Aufnahme. Fast der gleiche Wert ergibt sich bei den ligierten Tieren, 3,8%, doch ist hier mit einer großen Streuung zu rechnen, da nur zwei Tiere untersucht wurden, von denen das eine überhaupt keine Aktivität zeigte. In beiden Fällen zeigte das Spülwasser eine deutliche, wenn auch geringe Aktivität.

5. Die Durchlässigkeit für D_2O (Abb. 5, 6, Tab. 5).

Wie schon aus den osmoregulatorischen Experimenten zu schließen war, permeieren nicht nur Elektrolyte, sondern auch Wasser. Der Verlauf der Kurven zeigt den Einfluß zweier Faktoren, nämlich der Zeit und des Ionengehaltes des Mediums. Die zeitabhängigen Kurven (Abb. 5) steigen konstant an. Werden die Kurven weiter nach rückwärts verlängert, so zeigt sich, daß alle Versuchsgruppen der unbehandelten Tiere während des Beginns der Versuche mehr D_2O aufnahmen als während der beobachteten Zeit. Am geringsten ist die Abweichung von der Geraden bei den Tieren im reinen D_2O. Anders dagegen die ligierten Tiere. Hier scheint eine deutliche Steigerung der Aufnahme einzutreten. (Die Probe: ligierte Tiere nach 96 Stunden in reinem D_2O ist durch einen Experimentfehler ausgefallen.)

Tabelle 5. Permeabilität von D_2O (D_2-Index).

Lösung	Unbehandelte Tiere		Ligierte Tiere	
	48 h	96 h	48 h	96 h
D_2O	0,59	0,91	0,19	—
NaCl	0,31	0,41	0,19	0,67
NaCl + $CaCl_2$	0,19	0,25	0,19	0,79

Wird dagegen der D_2-Index gegen den Ionengehalt des Mediums aufgetragen (Abb. 6), so zeigt sich, daß bei den unbehandelten Tieren mit zunehmendem Ionengehalt der D_2-Index absinkt. Die beiden Kurven für 48 Stunden und 96 Stunden verlaufen etwa parallel. In reinem D_2O ist der Index am größten, in der NaCl + $CaCl_2$-Lösung am kleinsten. Auch hier zeigt sich das andersartige Verhalten der ligierten Tiere. Nach 48 Stunden zeigen alle Proben den gleichen D_2-Index. Merkwürdig ist nun, daß nach 96 Stunden der

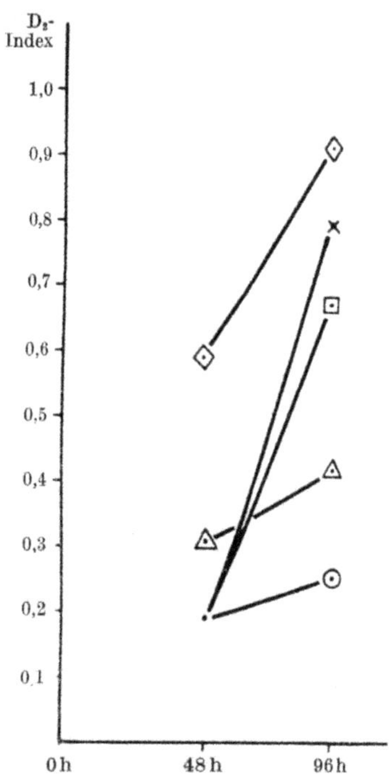

Abb. 5. Zeitabhängigkeit der Permeabilität von D_2O. Ligierte Larven in: NaCl □, NaCl + $CaCl_2$ ×. Unbehandelte Tiere in: D_2O ◇, NaCl △, NaCl + $CaCl_2$ ○.

D_2-Index in der NaCl-Lösung etwas geringer ist, als in der NaCl + $CaCl_2$-Lösung, obwohl eher das Gegenteil zu erwarten wäre.

Obwohl die Methode keine absoluten Werte liefert, läßt sich aus den Werten die Permeabilitätskonstante nach der von Höber et al. (1948), p. 12, gegebenen Formel berechnen. Sie beträgt für D_2O bei 23°C in den ersten 48 h $1{,}5 \times 10^{-2}$ cm²/h, unabhängig vom Medium.

6. Der zeitliche Verlauf der Aufnahme von Rubidium^{86}.

Obwohl nur wenige Versuche zu dieser Fragestellung erfolgten, soll hier kurz darauf eingegangen werden, da das Ergebnis für den

Vergleich mit anderen Arten von Interesse ist. Bei Verwendung von verschiedenen Konzentrationen von Rb^{86} in 50%igem Seewasser zeigte sich bei unbehandelten Tieren eine von der Konzentration des verwendeten Mediums abhängige, etwa geradlinige und gleich-

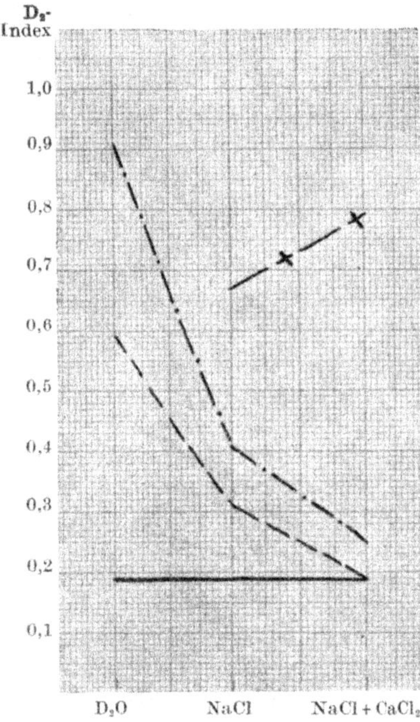

Abb. 6. Ionenabhängigkeit der Permeabilität von D_2O. Ligierte Tiere: nach 48 h ——, nach 96 h —+—+. Unbehandelte Tiere: nach 48 h ---, nach 96 h —·—.

sinnige Zunahme der Werte bis 48 Stunden. Bei längerer Einwirkung beginnen die Werte zu divergieren, das heißt, die Zunahme bei geringerer Konzentration der radioaktiven Substanz im Medium wird etwas geringer, bei größerer Konzentration steigt die Zunahme wesentlich an. Bei einer mittleren Konzentration steigt der Wert stetig weiter, ohne daß sich die Kurve merklich ändert. Es ist also weder nach 48 Stunden noch nach 78 Stunden eine stationäre Phase erreicht, doch treten offenbar bei sehr langer Versuchsdauer irgendwelche störende Faktoren auf. Abb. 7 zeigt den Verlauf je eines dieser Versuche an einem repräsentativen Beispiel.

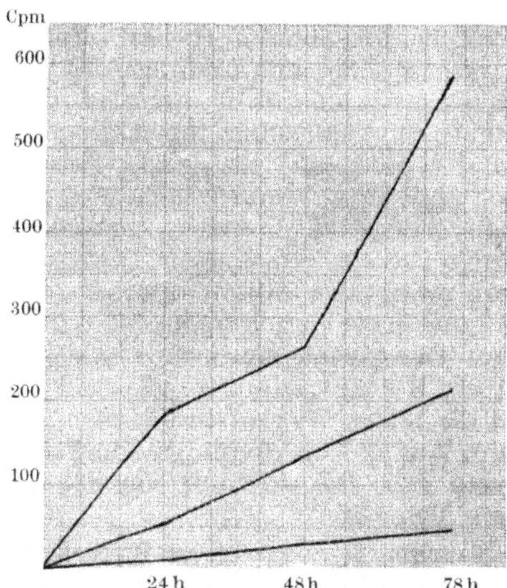

Abb. 7. Der zeitliche Verlauf der Aufnahme von Rb^{86} bei verschiedener Konzentration der aktiven Lösung.

IV. Diskussion.

Die oben mitgeteilten Ergebnisse geben ein recht verwirrendes Bild. Vergleicht man die Kurven für Rb^{86} und Na^{22}, so sieht man, daß die unbehandelten Larven im destillierten Wasser weniger Natrium als Rubidium aufnehmen, während die Verhältnisse bei den ligierten Larven umgekehrt liegen. Hier können nun zwei Faktoren eine Rolle spielen: 1. Natrium liegt im Tier normalerweise in einer viel höheren Konzentration vor als Rubidium, so daß das Konzentrationsgefälle für Rubidium größer ist, oder 2. für die Natriumaufnahme bzw. Abgabe bestehen Regulationsmechanismen, die aber für Rubidium nicht wirksam sind. Die erste Annahme würde bedeuten, daß der Ionenaustausch auf rein physikalischer Grundlage, nur durch die verschiedenen Konzentrationen im Inneren und im Außenmedium erfolgt, d. h. das Konzentrationsgefälle zwischen innen und außen reguliert die Ionenzusammensetzung der Körperflüssigkeit. Diese Annahme ist von vornherein für Natrium nicht sehr wahrscheinlich, da ja dann, bei dem in der Natur vorliegenden starken Konzentrationsgefälle, der Unterschied in kürzester Zeit ausgeglichen wäre, ja sich erst gar nicht einstellen hätte können. Anders dagegen für Rb. Hier liegt im Außenmedium normalerweise keine hohe Konzentration vor. (Die mir bekannten Analysen des Seewassers weisen kein Rb aus.) Es erscheint daher durchaus denkbar, für Rb einen physikalischen Mechanismus, eben das Konzentrationsgefälle, anzunehmen. Die Werte im destillierten Wasser sprechen nun allerdings auch bei Na zumindest für eine Mitwirkung eines physikalischen Mechanismus. Wie bei den Versuchen über die Abgabe von Na gezeigt wurde, wird Na in destilliertes Wasser abgegeben, andererseits wird auch aus destilliertem Wasser die geringe Menge des vorhandenen Na^{22} aufgenommen. Es findet also ein konstanter Austausch statt, der in einer Richtung, von innen nach außen, durchaus dem Konzentrationsgefälle folgen kann, in der entgegengesetzten Richtung dagegen mit einem aktiven Transportmechanismus gekoppelt sein muß, da ja das Na gegen ein Konzentrationsgefälle aufgenommen werden muß. Für Rb sind die beiden Werte für ligierte und unbehandelte Tiere in destilliertem Wasser etwa gleich groß und annähernd 100%. Es scheint in diesem Fall, daß wirklich nur das Konzentrationsgefälle der treibende Motor ist.

Anders beim Natrium. Dem geringen Wert der unbehandelten Tiere steht ein recht hoher der ligierten Tiere gegenüber. Hier kann nun folgendes abgeleitet werden: Es besteht offenbar ein „Pumpenmechanismus", der Na aus dem hypotonischen Außenmedium in das Körperinnere transportiert (Versuche unter III/2, a und b). Dieser Pumpmechanismus ist unabhängig davon, ob die Tiere ligiert sind oder nicht, denn in beiden Fällen wird Na deutlich gegen ein Konzentrationsgefälle aufgenommen. Dieser Pumpmechanismus ist sicher nicht in der Kutikula lokalisiert, sondern muß sich in der Hypodermis befinden. RICHARDS (1957) hat nachgewiesen, daß die Barrieren für Elektrolyte in der Kutikula liegen. Der Beweis für den aktiven Transport wäre am besten durch Messung der Potentialdifferenz zu erbringen. Die Kutikula und die Hypodermis haben also einander entgegengesetzte Funktion. Während die Kutikula eine weitgehend undurchlässige Membran ist, die ein zu starkes Eindiffundieren aus hochkonzentrierten Medien verhindert, ist die Hypodermis offenbar imstande, aus einer hypotonischen Lösung Na in das Körperinnere zu befördern. Antagonistisch zu diesem Pumpenmechanismus ist ein aktiver Ausscheidungsmechanismus vorhanden, der aber durch die Ligaturen gestört wird. Dieser Ausscheidungsmechanismus liegt wahrscheinlich, wie oft bei Insekten, in den Malpighischen Gefäßen und/oder im Enddarm, doch muß das durchaus nicht unbedingt der Fall sein, denn, wie KOCH (1938) nachwies, kann auch die Körperoberfläche an der aktiven Regulation beteiligt sein. Es werden also zwei entgegengesetzt arbeitende Mechanismen angenommen, die für Na wirksam sind, aber auf Rb keinen Einfluß haben.

Untersucht man nun die Ergebnisse in den anderen Medien unter der Annahme dieser Theorie, so ergibt sich das Folgende. Eine Erhöhung der Na-Konzentration im Außenmedium führt in allen Fällen zu einer verringerten Aufnahme der untersuchten Substanzen (wobei vorläufig die Versuche mit Mg im Medium außer acht gelassen werden). Dieser Befund ist um so erstaunlicher, da in diesen Fällen das Außenmedium gegenüber der Hämolymphe stark hypertonisch ist. Es kommt also zu der postulierten Natriumpumpe noch das Konzentrationsgefälle von außen nach innen dazu. Um diesen scheinbaren Widerspruch zu lösen, kann man 3 Hypothesen aufstellen: 1. Der Ausscheidungsmechanismus arbeitet bei hypertonischem Außenmedium effektvoller als bei hypotonischem; 2. die Natriumpumpe stellt bei hypertonischem Außenmedium ihre Tätigkeit ein; 3. die Permeabilität der Kutikula und Hypodermis ändern sich mit der Konzentration oder der Art des Mediums.

Zur ersten dieser Hypothesen läßt sich sagen, daß nach den Ergebnissen in destilliertem Wasser geschlossen werden darf, daß der Ausscheidungsmechanismus für Na durch die Ligaturen in Mitleidenschaft gezogen wird. Zum gleichen Ergebnis führten auch frühere Untersuchungen (Nemenz 1960a). Hier verläuft aber die Änderung der Werte für ligierte und unverletzte Larven gleichsinnig, d. h. beide zeigen deutlich geringere Aktivität. Ferner spricht die Beobachtung dagegen, daß das soeben für Na gesagte auch für Rb zutrifft, was nach dem oben Erwähnten nicht der Fall sein dürfte. Diese Hypothese scheint also nicht länger haltbar zu sein.

Für die zweite Hypothese dagegen sprechen einige Befunde. So z. B., daß die Werte für Rb und Na im wesentlichen gleich sind, und zwar sowohl bei ligierten als auch bei unbehandelten Tieren. Dazu kommt, daß bei Bestehen eines Konzentrationsgefälles die Aufrechterhaltung eines aktiven Transportmechanismus in gleicher Richtung unnötig und energetisch ungünstig ist. Es kann also angenommen werden, daß die Natriumpumpe ihre Tätigkeit weitgehend einstellt. Die beobachtbare Einströmung von Na und Rb aus dem Außenmedium kann also auf den Konzentrationsunterschied zurückgeführt werden. Daß dieses Einströmen auch wirklich stattfindet, ließ sich schon aus früheren Versuchen schließen (Nemenz 1960a), doch war damals noch nicht mit Sicherheit zu beweisen, daß die beobachtete Änderung des osmotischen Wertes wirklich auf eine Einströmung von Elektrolyten zurückzuführen ist, da ein Ausströmen von elektrolytfreiem Wasser denselben Effekt gehabt hätte. Der Konzentrationsunterschied zwischen Außen- und Innenmedium genügt, um ein konstantes Einströmen der Ionen zu bewirken. Dieser Konzentrationsunterschied ist aber für die anderen Lösungen ($NaCl + CaCl_2$, Seewasser) praktisch gleich dem in der NaCl-Lösung, und dennoch zeigen sich Unterschiede. Diese können nun nur durch die Annahme erklärt werden, daß die Kutikula oder die Hypodermis oder beide ihre Permeabilität ändern können. Diese Hypothese läßt es auch verständlich erscheinen, wieso die beobachtete Einströmung für Rb und Na gleich hoch ist, obwohl das ja nicht von Anbeginn zu erwarten war. Der Gehalt des Außenmediums an radioaktiver, also meßbarer Substanz ist zwar etwa gleich, doch handelt es sich bei Na um einen minimalen Bruchteil der Gesamtnatriumkonzentration, während der Anteil des aktiven Rb an der Gesamtmenge sehr viel höher ist. Bei gleicher gemessener Aktivität des Tieres ist also viel mehr Na eingeströmt als Rb. Da aber bei beiden die Aufnahme unter der im destillierten Wasser liegt, muß in beiden Fällen weniger aktive Substanz eingeströmt sein, als im destillierten Wasser. Dies ist besonders für Rb interessant, da sich für dieses Ion der Konzentrationsunterschied innen/außen durch den Zusatz von Na im Außenmedium nicht geändert hat. Da parallel zu Rb gleichzeitig auch Na einströmt und, wie das Experiment mit Na^{22} zeigt, dieses auch gehindert wird, darf angenommen werden, daß sich die Permeabilität der Körperoberfläche geändert hat. Eine „Konkurrenz" zwischen Na und Rb um entweder einen Träger bei einem aktiven Transport oder um einen permeablen Protoplasmateil ist nach der gegenwärtigen Anschauung über die Wirkungsweise dieser Mechanismen nicht anzunehmen.

Ein direkter Vergleich des Einströmens von Na und Rb wird auch durch die Tatsache erschwert, daß die Permeabilitätskonstanten der beiden Elemente verschieden sind. So ist NaCl das am schnellsten permeirende Salz (RICHARDS 1953). Die Werte der Na-Permeation können wahrscheinlich als die höchsten der auf reine Permeabilität der Kutikula zurückgehenden betrachtet werden, sofern die Permeabilität nicht von anderen Faktoren beeinflußt wird. Als solche Faktoren kommen bei dieser Versuchsanordnung z. B. andere, die Permeabilität verändernde Ionen in Frage, worauf weiter unten noch eingegangen wird.

Die verschiedene Permeabilität der Körperoberfläche wird dort besonders deutlich, wo sie möglichst von anderen Faktoren losgelöst betrachtet wird, also bei ligierten Tieren und bei Verwendung von Lösungen etwa gleicher Konzentration, aber verschiedener Zusammensetzung. Hier zeigt sich eine prinzipielle Übereinstimmung der Ergebnisse bei Verwendung von Rb und Na. Auf Zusatz von Calcium-Ionen sinkt die Permeabilität stark ab. Diese Erscheinung ist wohl auf die Einwirkung der zweiwertigen Ionen zurückzuführen, da sie völlig gleichsinnig bei den Experimenten mit Rb, Na und D_2O zu beobachten ist. Es ist ja bekannt, daß zweiwertige Ionen die Permeabilität herabsetzen. Da aus den Untersuchungen von RICHARDS (1957) und anderen (cf. RICHARDS 1958) hervorgeht, daß die Barrieren für Wasser und Elektrolyte in verschiedenen Lagen der Kutikula lokalisiert sind, muß man entweder annehmen, daß das Ca-Ion beide in gleicher Weise beeinflußt, oder, daß noch eine gemeinsame Barriere vorhanden ist, an der das Ca angreifen kann. Da nun Ca insbesondere die Permeabilität des Protoplasmas beeinflußt, ist diese gemeinsame Barriere wahrscheinlich in der Hypodermis zu suchen. Im verdünnten Seewasser, welches offenbar die ausgeglichenste, für das Tier optimale Ionenmischung darstellt, ist die Permeabilität am geringsten. Hier sind aber, im Gegensatz zu den angesetzten Lösungen, noch eine Anzahl weiterer Ionen vorhanden, durch deren Zusammenwirken bzw. Antagonismus eine weitere Verringerung der Permeabilität erreicht werden mag. Mg wirkt vielfach ähnlich wie Ca, aber meist schwächer (HÖBER et al. 1948). Vielleicht läßt sich daraus die größere Permeabilität der Mg-haltigen Lösungen erklären. Nicht klar dagegen ist das Ergebnis der gemeinsamen Einwirkung von Mg und Ca. Selbst wenn man nur die 3 Versuchsergebnisse betrachtet, bei denen es zu einer Erhöhung der Werte kommt, läßt sich das Ergebnis aus dem oben Gesagten nicht erklären.

Es ist ja bekannt, daß die physiologische Bedeutung von Mg nicht einheitlich ist. Obwohl Mg und Ca in manchen Fällen die gleichen Wirkungen ausüben können, so sind doch auch eine Anzahl Fälle bekannt, bei denen ein deutlicher Antagonismus der beiden Elemente zu bemerken ist (BUDDENBROCK 1956). Vielleicht lassen sich die Ergebnisse in den Mg-haltigen Medien mit und ohne Ca dahingehend deuten, daß die Permeabilität durch den Quotienten Ca : Mg beeinflußt wird. Andererseits ist dieser Quotient im Great Salt Lake sehr veränderlich, wie die verschiedenen Analysen des Seewassers zeigen (z. B. HUTCHINSON 1957, und FLOWERS 1943). Hier wären nicht nur physiologische Untersuchungen in größerem Umfange, sondern auch eine bessere Durcharbeitung auf limnologischem Gebiete sehr erwünscht.

Nach den Versuchen mit D_2O scheint aber die Regulation der Wasserbewegung anderen Gesetzen zu gehorchen. Zwar findet man auch hier bei den unbehandelten Tieren, daß der D_2-Index nach 48 Stunden bzw. 96 Stunden im reinen D_2O am Höchsten, in der Ca-hältigen Lösung am Geringsten ist. Dies gilt jedoch nicht für die ligierten Tiere. Hier ist der Index für alle Versuchslösungen nach 48 Stunden gleich groß (nach 96 Stunden nicht sehr verschieden).

Das ist vielleicht derart zu erklären, daß die unbehandelten Tiere Flüssigkeiten in den Verdauungskanal aufnehmen und daraus elektiv Wasser resorbieren können. Auch im zeitlichen Verlauf zeigt sich ein deutlicher Unterschied der beiden Versuchstiergruppen: die Steigerung des Index der ligierten Tiere in den ersten 48 Stunden ist geringer als in den zweiten 48 Stunden, bei den unbehandelten Tieren ist es gerade umgekehrt und zwar, unabhängig von der verwendeten Versuchslösung. Für ligierte Larven ist die Permeabilität der Kutikula annähernd gleich der der Larven von *Sialis lutaria* (SHAW 1955a) nämlich, $1,5 \times 10^{-2}$ cm²/h bei 23°C, gegenüber $1,8 \times 10^{-2}$ cm²/h bei 20°C bei *Sialis*.

Vergleichen wir nun die oben mitgeteilten Ergebnisse mit den Befunden der wenigen Untersuchungen, die bisher an Bewohnern hyperhaliner Gewässer gemacht wurden (BEADLE 1943, 1957). Wirklich gründlich untersucht ist der Phyllopode *Artemia salina*, der als einziger Arthropode außer *Ephydra* im Great Salt Lake lebt. Hier zeigt sich vor allem, daß sich bei *Artemia* eine wesentlich größere Permeabilität nachweisen läßt, als bei *Ephydra*. So dringt Na^{22} in wesentlich stärkerem Ausmaß ein, wird allerdings ebenso schnell wieder abgeschieden (CROGHAN, 1958e, p. 428—429). Bei *Ephydra* war erst 48 Stunden nach Beginn des Auswaschens alle Aktivität geschwunden, während derselbe Zustand bei *Artemia* schon nach 4 Stunden erreicht war. Nach 6 Stunden scheint sich bei *Artemia* bereits ein stationärer Zustand einzustellen, während bei *Ephydra* auch nach 78 Stunden nichts davon zu merken ist.

RAMSAY (1950) hat die Larven von *Aedes detritus* untersucht, die im Meerwasser leben, also in einer gegenüber der Körperflüssigkeit hypertonischen Lösung. Sowohl im Meerwasser, als auch im destillierten Wasser konnten die Larven die Konzentration der Haemolymphe auch nach 48 Stunden weitgehend konstant halten. Hier konnte nachgewiesen werden, daß im Rektum eine Rückgewinnung von Wasser bzw. eine vermehrte Abscheidung von Salzen dazu führt, daß die Rektalflüssigkeit gegenüber der Haemolymphe stark hypertonisch wird. Es ist also eine aktive Regulation vorhanden. Wie BEADLE (1937) an der selben Art zeigen konnte, ist die Kutikula, auch die der Analpapillen, höchst impermeabel.

Andere Bewohner stark hyperhaliner Gewässer wurden bisher noch kaum physiologisch untersucht, doch gibt es einige Beobachtungen an Larven von *Eristalis* und *Stratiomyiden*, die darauf hindeuten, daß diese Tiere ebenfalls eine sehr undurchlässige Kutikula besitzen. Insekten aus brackigen oder leicht salzigen Gewässern zeigen unterschiedliches Verhalten. So dauert es z. B. bei der Larve von *Aedes aegypti* über 120 Stunden bis eine Annäherung an eine stationäre Phase für Na^{22} erfolgt (TREHERNE 1954), was ebenfalls auf eine geringe Permeabilität hinweist. Zum gleichen Ergebnis kommen BEADLE & SHAW (1950) bei der Larve von *Sialis lutaria*, auf deren Permeabilität gegenüber D_2O schon oben hingewiesen wurde. Das entgegengesetzte Verhalten läßt sich bei der Wasserwanze *Sigara lugubris* (CLAUS 1937/38) erschließen, deren Kutikula scheinbar leicht permeabel ist. Ebenfalls eine große Permeabilität zeigt *Asellus aquaticus*, wenn er im Experiment in salzreiche Lösungen gebracht wird (LOCKWOOD 1959a). Bei *Sigara* kommt zur Permeabilität eine aktive Regulation, die den anderen zu fehlen scheint.

Da von den einzelnen Autoren vielfach sehr verschiedene Methoden angewandt wurden, ist es oft schwierig, die Ergebnisse miteinander zu vergleichen. Die Anwendung von Isotopen ermöglicht es, den tatsächlichen Materialaustausch zu erfassen und nicht nur die Nettoveränderungen. Bei der Untersuchung an ganzen lebenden Tieren ergibt sich eine weitere Schwierigkeit. Es überlagern sich die Wirkungen einer Anzahl neben- und gegeneinander verlaufender Prozesse. So kann im Falle einer großen Permeabilität dennoch das Innenmedium, sowohl osmotisch, wie der ionalen Zusammensetzung nach, weitgehend konstant gehalten werden, wenn eine leistungsfähige aktive Regulation vorhanden ist, wie z. B. bei *Artemia*. Bei *Aedes detritus* scheint eine aktive Regulation mit einer recht undurchlässigen Körperoberfläche kombiniert zu sein. Die Permeabilität der Körperoberfläche ist aber nicht in allen Medien gleich, wie hier bei *Ephydra cinerea* nachgewiesen werden konnte.

Bei den Insekten werden die Verhältnisse auch dadurch komplizierter, daß außer der einigermaßen bekannten Permeabilität des Plasmas bzw. dessen Oberfläche für Alkalimetallionen (USSING et al. 1960) auch die Permeabilität der Kutikula, die viel schlechter bekannt ist, eine bedeutende Rolle spielt. Zwar ist bekannt, daß für die verschiedenen Permeabilitäten gegenüber verschiedenen Substanzen, wie Elektrolyte, Wasser, Sauerstoff und Kohlensäure, wahrscheinlich verschiedene Schichten der Kutikula verantwortlich sind (RICHARDS 1951, 1957, 1958), doch läßt sich nicht sagen, ob die hier beobachtete Reaktion auf Mg in der Kutikula lokalisiert ist. Es wurde angenommen, daß dieser Unterschied in der Hypodermis liegt. Von Zelloberflächen ist bekannt, daß sie sich gegenüber verschiedenen Alkalimetallionen verschieden verhalten USSING et al. (1960), p. 47: „The major portion of most cell surfaces seems to be practically impermeable to ions, and among the „patches" which are permeable to alkali metal ions two kinds can often be destinguished: one which is accessible for Na and Li, but little permeable to K and

Rb (and Cs); and another kind which admits K, Rb, and some times Cs, but not Na and Li." Vielleicht liegt hier der Angriffspunkt für Mg. Damit soll aber nicht die Möglichkeit geleugnet werden, daß das Mg nicht auch die Permeabilität der Kutikula beeinflussen könnte.

Daß verschiedene Ionen verschieden schnell in Insekten einzudringen vermögen, ist ja schon bekannt, ebenso, daß die Konzentration des Außenmediums dabei eine Rolle spielt (z. B. GHILAROV & SEMENOVA 1957). Allerdings wurde m. W. noch nie der Einfluß der ionalen Zusammensetzung des Außenmediums für die Permeabilität untersucht, doch spielt diese offenbar eine nicht zu unterschätzende Rolle. Inwieweit sich dieser Einfluß bei Kationen oder Anionen bemerkbar macht, muß Gegenstand weiterer Untersuchungen bleiben. Daß allerdings in Elektrolytmischungen die Wirkungen einzelner Ionen untergehen, abgeschwächt oder verstärkt werden können, haben HAAS & STRENZKE (1957a, b) bei ihren Untersuchungen über die Entwicklung der Analpapillen der Larven von *Chironomus thumi* beobachtet. Eine weitere Beobachtung dieser Autoren scheint eine verbreitete Erscheinung beim vorliegenden Problemkomplex zu sein, da sie z. T. auch bei den vorliegenden Untersuchungen beobachtet werden konnte: Die Variabilität der Werte ist in Elektrolytmischungen meist recht hoch, geringer in den Lösungen nur eines Elektrolyten und ist in ional ausgeglichenen Medien (z. B. Seewasser) am geringsten.

Die osmotische und Ionenregulation bei *Ephydra cinerea* ist also eine komplexe Erscheinung, die dem Tier erst den Aufenthalt in den von ihm bewohnten extremen Biotopen ermöglicht. Zu einer recht undurchlässigen Kutikula, wie sie ähnlich auch bei anderen Insekten in hyperhalinen Gewässern zu beobachten ist, kommt noch ein aktiver Regulationsmechanismus, der zwar eine Ausscheidung von eingedrungenem Na (bzw. Rb) unter den Versuchsbedingungen nur in geringem Maße durchzuführen vermag, aber durch die Körperoberfläche aus stark hypotonischen Medien Na absorbieren kann, so daß trotz des eingedrungenen Wassers die Zusammensetzung des Innenmediums weitgehend erhalten bleibt. Die Ausscheidung von Na dürfte unter normalen Umständen der Menge des eingedrungenen Na die Waage halten. Die Durchlässigkeit der Körperoberfläche ist außerdem von verschiedenen Einflüssen abhängig, wie z. B. vom Ionengehalt des Außenmediums. Die Aufnahme von Wasser durch die Körperoberfläche wird jedoch von der Ionenzusammensetzung des Außenmediums nicht beeinflußt. Daß der Ausscheidungsmechanismus bei ligierten Tieren nicht arbeitsfähig ist, ist wahrscheinlich darauf zurückzuführen, daß infolge

Sauerstoffmangels und der daraus resultierenden schlechten Energiebilanz die erste, am meisten Energie verbrauchende Stufe des Ausscheidungsmechanismus zum Erliegen kommt, nämlich die Absonderung des überschüssigen Salzes aus der Haemolymphe gegen ein Konzentrationsgefälle. Würde dieser Teil weiterarbeiten und nur die tatsächliche Ausscheidung der Salzlösung durch die Ligatur verhindert werden, so dürfte der osmotische Wert des Innenmediums nicht so stark ansteigen (NEMENZ 1960a). Solch ein sauerstoffabhängiger Mechanismus für die Aufnahme ist schon mehrfach nachgewiesen worden (BUCK 1953), allerdings bisher nur an Larven, die in hypotonischem Medium leben. Es wäre denkbar, daß im Falle so starker Hypertonizität des Mediums wie im vorliegenden Falle auch der Ausscheidemechanismus sauerstoffabhängig ist, doch müßte diese Behauptung erst durch weitere Versuche unterstützt werden.

Zusammenfassung.

1. *Ephydra cincerea* besitzt eine Kutikula, die für Wasser und Elektrolyte schwer permeabel ist. Die Permeabilitätskonstante für D_2O beträgt $1{,}5 \times 10^{-2}$ cm^2/h bei 23°C, entspricht also etwa der von *Sialis lutaria*.
2. Aus hypotonischen Medien vermögen sowohl ligierte wie unbehandelte Larven Na^{22} und Rb^{86} gegen ein osmotisches Gefälle aufzunehmen. Es wird ein aktiver Transportmechanismus angenommen, der in der Körperoberfläche lokalisiert ist und durch die Ligatur nicht gestört wird. Aus hypertonischen Medien dringen diese Ionen ebenfalls in die Tiere ein, und zwar beide in etwa gleichem Maße.
3. Da der Na^{22}-Gehalt ligierter Tiere höher ist als der der unbehandelten, kann ein aktiver Ausscheidungsmechanismus angenommen werden, der für Na wirksam ist, und durch die Ligatur gestört wird.
4. Die Abscheidung von Wasser wird ebenfalls durch die Ligatur gestört. Die beiden Mechanismen sind also möglicherweise miteinander gekoppelt.
5. In einem Medium, welches außer NaCl auch $CaCl_2$ enthält bzw. in verdünntem Salzseewasser, ist die Permeabilität der Kutikula für Elektrolyte stark herabgesetzt, was auf die Wirkung der Ca-Ionen zurückgeführt wird. Die Permeabilität für D_2O ist während der ersten 48 h von der ionalen Zusammensetzung des Mediums unabhängig, doch zeigt sich nach 96 h, daß die Permea-

bilität für D_2O im gleichen Sinne wie die für Elektrolyte beeinflußt wird.

6. Der Zusatz von $MgCl_2$ erhöht die Permeabilität nicht unbeträchtlich, bei gemeinsamem Einwirken von Mg und Ca wird die Permeabilität meist noch größer.

Literatur.

BEADLE, L. C., 1943: Osmotic regulation and the faunas of inland water. Biol. Rev. 18, p. 172–183.

– 1957: Comparative physiology: osmotic and ionic regulation in aquatic animals. Ann. Rev. Physiol. 19, p. 329–358.

BEADLE, L. C. and SHAW, J., 1950: Retention of salt and the regulation of the nonprotein nitrogen fraction in the blood of the aquatic larva, *Sialis lutaria*. J. exp. Biol. 27, p. 96–109.

BEYER, A., 1939: Morphologische, ökologische und physiologische Studien an den Larven der Fliegen: *Ephydra riparia* Fallen, *E. micans* Haliday und *Cäenia fumosa* Stenhammar. Kieler Meeresforsch. 3, p. 265–320.

BUCK, J. B., 1953: The internal environment in regulation and metamorphosis. in ROEDER, K. D., Insect Physiology, New York-London.

BUDDENBROCK, W. v., 1956: Vergleichende Physiologie. Bd. III. Ernährung, Wasserhaushalt und Mineralhaushalt der Tiere. Basel.

CLAUS, A., 1937/38: Vergleichend-physiologische Untersuchungen zur Ökologie der Wasserwanzen mit besonderer Berücksichtigung der Brackwasserwanze *Sigara lugubris*. Zool. Jb. Allg. Zool. 58, p. 365–432.

CROGHAN, P. L., 1958 a): Ionic fluxes in *Artemia salina* (L). J. exp. Biol. 35/2, p. 425–436.

– 1958 b): The mechanism of osmotic regulation in *Artemia salina* (L). The physiology of the branchiae. J. exp. Biol. 35, p. 234–242.

– 1958 c): The mechanism of osmotic regulation in *Artemia salina* (L). The physiology of the gut. J. exp. Biol. 35, p. 243–249.

– 1958 d): The survival of *Artemia salina* (L) in various media. J. exp. Biol. 35, p. 213–218.

– 1958 e): The osmotic and ionic regulation of *Artemia salina*. L. J. exp. Biol. 35, p. 219–238.

FLOWERS, S., 1934: Vegetation of the Great Salt Lake region. Bot. Gaz. XCV, Nr. 3, p. 353–418.

GHILAROV, M. S. und SEMENOVA, L. M., 1957: Die Kutikelpermeabilität bodenbewohnender Tipuliden-Larven. Ztschr. Pflanzenkrankheiten (Pflanzenpathologie) und Pflanzenschutz 64, p. 522–528.

HAAS, H. und STRENZKE, K., 1957: Experimentelle Untersuchungen über den Einfluß der ionalen Zusammensetzung des Mediums auf die Entwicklung der Analpapillen von *Chironomus thumi*. Biol. Zentralblatt 76, p. 513–528.

HÖBER, R., HITCHCOCK, D. I., BATEMAN, J. B., GODDARD. D. R. and FENN, W. O., 1948: Physical Chemistry of Cells and Tissues. Philadelphia-Toronto.

HUTCHINSON, G. E., 1957: A Treatise on Limnology. New York-London.

KOCH, C., 1938: The absorption of chloride ions by the anal papillae of Diptera-larvae. J. exp. Biol. 15, p. 152–160.

LOCKWOOD, A. P. M., 1959 a): The osmotic and ionic regulation of *Asellus aquaticus* (L). J. exp. Biol. 36, p. 546–555.

— 1959 b): The regulation of the internal sodium concentration of *Asellus aquaticus* in the absence of sodium chloride in the medium. J. exp. Biol. 36, p. 556–561.

NEMENZ, H., 1960 a): On the osmotic regulation of the larvae of *Ephydra cinerea*. J. Ins. Physiol. 4. p. 38–44.

— 1960 b): Beiträge zur Kenntnis der Biologie von *Ephydra cinerea* JONES 1906 (Dipt., Ephydridae). Zool. Anz. 165.

PING, C. T., 1921: The biology of *Ephydra subopaca*, Loew. Mem. Cornell agric. Exp. Sta. 49, p. 555–616.

RAMSAY, J. A., 1950: Osmotic regulation in mosquito larvae. J. exp. Biol. 27, p. 145–157.

RICHARDS, A. G., 1951: The Integument of Arthropods. Univ. of Minnesota Pr.

— 1953: The Penetration of Substances through the Cuticle. in: ROEDER, K. D., Insect Physiology. New York-London.

— 1957: Studies on Arthropod Cuticle XIII. The Penetration of dissolved Oxygen and Electrolytes in Relation to the multiple Barriers of the Epicuticle. J. Ins. Physiol. I., p. 23–39.

— 1958: The Cuticle of Arthropods. Ergeb. Biol. 20, p. 1–26.

SEMENOVA, L. M., 1959: Eigenschaften der äußeren Kutikula der wasserbewohnenden Insektenlarven als Anpassung an die Lebensbedingungen. (russ.) Acta Soc. Ent. Cechosl. 56, p. 332–337.

SHAW, J., 1955 a): The permeability and structure of the cuticle of the aquatic larva of *Sialis lutaria*. J. exp. Biol. XXXII, p. 330–352.

— 1955 b): Ionic regulation and water balance in the aquatic larva of *Sialis lutaria*. J. exp. Biol. XXXII, p. 353–382.

TREHERNE, J. E., 1954: The exchange of labelled sodium in the larva of *Aedes aegypti* L. J. exp. Biol. 31, p. 386–401.

USSING, H. H., KRUHØFER, P., THAYSEN, J. H. and THORN, N. A., 1960: The Alkali Metal Ions in Biology. in: HEFTER, A., Handbuch der experimentellen Pharmakologie, Ergänzungswerk, Bd. XIII.

ZANGHERI, S., 1957: Sulla comparsa in massa del dittero *Ephydra riparia* Fall. nelle risaie del ferrarese. Boll. Mus. civico Storia natur., Venezia 10.

ZAVATTARI, E., 1921: Richerche morfologiche ed etologiche sul dittero alofilo *Ephydra bivittata* Loew. R. Comit. Talassogr. Ital. Venezia, Mem. LXXXIII, p. 58.

Die in den Sitzungsberichten Abtlg. I und Abtlg. IIa der math.-nat. Klasse der Österr. Ak. d Wiss. erscheinenden Abhandlungen werden auch einzeln abgegeben. Sie können durch jede Buchhandlung oder direkt durch die Auslieferungsstelle der Österreichischen Akademie der Wissenschaften (Wien I, Singerstraße 12) bezogen werden.

Nachfolgende Abhandlungen aus dem Fache Botanik (Biologie) sind erschienen:

1954 (S I Bd. 163):

Schiller J.: Über Cyanophyceen aus kleinen künstlichen Wasserbecken und aus dem Ruster Kanal des Neusiedler Sees (mit 17 Textabbildungen [49 Einzelbilder]). 31 Seiten. S 23.40

1955 (S I Bd. 164):

Hölzl J.: Über Streuung der Transpirationswerte bei verschiedenen Blättern einer Pflanze und bei artgleichen Pflanzen eines Bestandes (mit 8 Textabbildungen). S 40.—

Huber Elfriede: Vitalfärbungsversuche an Hochmooralgen mit leeren und vollen Zellsäften (mit 13 Abbildungen auf 3 Tafeln). S 36.40

Kiermayer O.: Über die Reduktion basischer Vitalfarbstoffe in pflanzlichen Vakuolen (mit 4 Tafeln und 1 Farbtafel). S 25.20

Loub W.: Algenbiozönosen des Neusiedler Sees (mit 9 Textabbildungen). S 22.—

Url W.: Resistenz von Desmidiaceen gegen Schwermetallsalze (mit 8 Abbildungen auf 2 Tafeln). S 23.—

Ziegler Annemarie: Die blau fluoreszierenden Idioblasten der Scrophulariaceen: Morphologie, Mikrochemie und Vitalfärbbarkeit (mit 19 Abbildungen im Text und auf 3 Tafeln). S 46.90

1956 (S I Bd. 165):

Abel W. O.: Die Austrocknungsresistenz der Laubmoose (mit 14 Abbildungen im Text und auf 5 Tafeln). S 73.30

Fetzmann Elsa Leonore: Beitrag zur Algensoziologie (mit 3 Textabbildungen, 4 Tafeln und 1 Beilage). S 73.60

Lenk Ingeborg: Vergleichende Permeabilitätsstudien an Süßwasseralgen (Zygnemataceen und einige Chlorophyceen) (mit 7 Textabbildungen). S 83.60

Sperlich A.: Die Fortpflanzungstüchtigkeit (Phyletische Potenz) des Fremdbefruchters. Nach Versuchen mit drei Formen des Alectorolohus hirsutus (Lam.) Alb. S 58.90

1957 (S I Bd. 166):

Politis J.: Über die „Tanninoplasten" oder Gerbstoffbildner der Crassulaceae (mit 2 Textabbildungen und 1 Tafel). S 6.—

Politis J.: Über einen neuen Pflanzenfarbstoff in den Blüten einiger Verbascum-Arten (mit 2 Tafeln). S 5.20

Übeleis Ilse: Osmotischer Wert, Zucker- und Harnstoffpermeabilität einiger Diatomeen (mit 1 Textabbildung). S 30.40

1958 (S I Bd. 167):

Höfler Karl: Permeabilitätsstudien an Parenchymzellen der Blattrippe von Blechnum spicant (mit 5 Textabbildungen). S 45.—

Rechinger K. H., Dulfer H. und Patzak A.: Širjaevii fragmenta astragalogica IV. S 38.10

Url Walter: Zur Wirkung der Atmungsgifte Natriumazid und Dinitrophenol auf die Permeabilität von Blechnum spicant-Zellen (mit 3 Textabbildungen). S 25.—

Wawrik Friederike: Hochgebirgs-Kleingewässer im Arlberggebiet III (mit 3 Textabbildungen und 1 Tafel). S 18.90

1959 (S I Bd. 168):

Biebl Richard: Röntgenstrahlenwirkungen auf Commelinaceenstecklinge (Total-und Partialbestrahlungen) (mit 9 Tabellen und 5 Textabbildungen). S 31.20

Höfler Karl: Über die Gollinger Kalkmoosvereine (mit 1 Textabbildung und 1 Tafel S 34.50

Höfler Karl und Fetzmann Elsa Leonore: Algen-Kleingesellschaften des Salzlackengebietes am Neusiedler See I (mit 1 Tafel). S 21.50

Hustedt Friedrich: Die Diatomeenflora des Salzlackengebietes im österreichischen Burgenland (mit 31 Textabbildungen und 1 Tafel). S 53.90

Luhan Maria: Zur Wurzelanatomie unserer Alpenpflanzen. IV. Compositae (mit 9 Textabbildungen und 4 Tafeln). S 36.90

Pfoser Karl: Vergleichende Versuche über Verholzungsreakionen und Fluoreszenz (mit 2 Textabbildungen und 2 Tafeln) S 18.70

Rechinger K. H., Dulfer H. und Patzak A.: Širjaevii fragmenta astragalogica S 29.40

Wendelberger Gustav: Die Vegetation des Neusiedler See-Gebietes S 7.20

GPSR Compliance
The European Union's (EU) General Product Safety Regulation (GPSR) is a set of rules that requires consumer products to be safe and our obligations to ensure this.

If you have any concerns about our products, you can contact us on

ProductSafety@springernature.com

In case Publisher is established outside the EU, the EU authorized representative is:

Springer Nature Customer Service Center GmbH
Europaplatz 3
69115 Heidelberg, Germany

www.ingramcontent.com/pod-product-compliance
Ingram Content Group UK Ltd.
Pitfield, Milton Keynes, MK11 3LW, UK
UKHW021929190726
13853UKWH00002B/944